Klaus Margraf

Schadbilder
an Zimmerpflanzen

QUELLE & MEYER

Blätter zeigen, was den Zimmerpflanzen fehlt!

Nur wenn man weiß, wer oder was eine Verfärbung oder Missbildung an den Pflanzen verursachte, kann man Erste Hilfe leisten. Nichtparasitäre, unbelebte Schadursachen sind meist auf nicht zusagende Wachstumsbedingungen (Stresssituation) zurückzuführen. Parasitäre, belebte Schadursachen können Erreger von Pflanzenkrankheiten oder Schädlinge wie Milben, Insekten und Schnecken sein. Sie saugen den Pflanzensaft oder fressen von verschiedenen Pflanzenteilen.
Mit den nachfolgenden Diagnoseanleitungen wird eine Hilfe gegeben, die Ursachen für die unterschiedlichsten Reaktionen der Pflanzen zu erkennen. Dabei ist zu beachten, dass oft verschiedene Ursachen ähnliche oder gleiche Schäden an den Pflanzen hervorrufen. Zur besseren Orientierung sind deshalb die Schäden in verschiedene Gruppen systematisiert.

Übersicht der Schäden an Zimmerpflanzenblättern:
- Blätter welken und rollen sich ein
- Belege oder Pusteln auf Blättern und Trieben
- Blätter/Triebspitzen verkrüppelt, Blattpartien sterben ab (Nekrosen)
- Blätter sind verbrannt
- Blätter mit unregelmäßiger Fleckung
- Blätter vergilben ganzflächig (Chlorose)
- Blätter zeigen Fraßstellen
- Pflanzen vergrünen und vergeilen

Spinnmilbenbefall

Verwendung falscher Pflanzenschutzmittel

Schneckenfraß

Ursache: Grauschimmel. Der pilzliche Erreger ist ein Schwächeparasit, der begünstigt wird bei sehr dicht stehenden und Luft- sowie Lichtmangel leidenden Pflanzen. Hohe Luftfeuchte bei niedrigen Temperaturen begünstigt ebenfalls den Befall.

Abhilfe: Bei der Bekämpfung kommt der Stärkung der Pflanzen durch Verbesserung der Wachstumsbedingungen eine Schlüsselrolle zu. Zudem müssen alle befallenen Pflanzenteile vorsichtig (Verstäuben von Pilzsporen vermeiden) entfernt und beseitigt werden.

Blätter und Blattstiele sind missfarben, meist graubräunlich, oft nassfaul. Insbesondere auf abgewelkten Blättern, Stängeln oder Blütenteilen bildet sich ein typischer mausgrauer, dichter Sporenrasen aus. Von hier aus kann er auch lebendes Gewebe infizieren.

Ursache: verschiedene Rostpilzarten

Abhilfe: Bei einzelnen Pflanzen reicht zur Bekämpfung das sorgfältige Entfernen und Vernichten der als befallen erkannten Pflanzenteile aus. Handelt es sich um größere Pflanzenbestände, sind die zugelassenen Fungizide einzusetzen.

Auf den Blättern werden oft zahlreich und unregelmäßig verteilt kleine, gelbliche, punktartige Flecken gebildet. Auf Blattunterseiten, Stängeln und Trieben erscheinen gelbliche, rost- bis dunkelbraune stäubende Pusteln. Stark besiedelte Pflanzenteile können absterben. Das Erscheinungsbild darf nicht verwechselt werden mit den auf den Blattunterseiten regelmäßig angeordneten Sporenlagern von Farnen. Hier fehlt auch die gelbliche Verfärbung auf der Blattoberseite.

Ursache: Zu hohe Luftfeuchte verbunden mit zu großer Bodennässe, niedrige Temperaturen und oft dunkler Standort oder zu reichliche Düngung bei niedrigen Temperaturen.

Abhilfe: Standortwechsel und gegebenenfalls Düngeverhalten anpassen.

Die Blätter haben meist unterseits pocken- oder höckerartige Korkpolster. Manchmal befinden sich hier auch schwielenartige Wucherungen von unterschiedlicher Gestalt. Gelegentlich treten die Korkwucherungen auf der Blattoberseite, auf Blattstielen und an jungen Trieben auf. Bei einzelnen Pflanzen kommt auch Blattverdickung vor.

Blätter vergilben ganzflächig (Chlorosen)

Ursache: natürlicher Alterungsprozess oder – bei weniger Wachstum – Nährstoffmangel

Abhilfe: Sind entsprechende Exemplare sehr alt und stark verkahlt, ist zu überlegen, ob je nach Art aus der Triebspitze als sogenannter Kopfsteckling eine neue Pflanze herangezogen werden kann. Ansonsten, wenn die Topferde verbraucht ist, müssen die Pflanzen im Frühjahr umgetopft werden.

Vor allem einzelne untere Blätter der Pflanzen werden gelb und fallen ab. Die Pflanze wächst an der Spitze aber meist zügig weiter.

Ursache: unregelmäßiges Gießen mit teilweise völlig trockenem Wurzelballen als Folge

Abhilfe: Wichtig ist es, Standortbedingungen zu überprüfen und eine optimale, regelmäßige Wasser- und Nährstoffversorgung zu gewährleisten.

Blätter verfärben sich über die ganze Pflanze verteilt gelblich und werden abgeworfen.

Ursache: Chlorose durch Mangel an Spurenelementen, insbesondere Eisen; oft durch eine Festlegung des betreffenden Spurenelementes im Boden hervorgerufen, z. B. durch zu hohen Kalkgehalt (hohe pH-Werte), zu kalten Boden, verdichteten, nassen Boden mit schlechtem Luftaustausch und folgenden Störungen der Wurzeltätigkeit

Abhilfe: Für optimale Wachstumsbedingungen sorgen. Bei zu hohem Kalkgehalt des Bodens ist ein Umtopfen in geeignete Spezialerde unbedingt anzuraten. Auch ist es möglich, mit Eisendüngern zu gießen.

Zuerst verblasst das Blattgrün. Später werden die Blätter komplett gelb bis mosaikartig gelb. Typisch ist, dass entlang der Blattadern meist noch schmale grüne Zonen verbleiben. Durch das Fehlen ausreichender Blattgrünfläche verkümmern die Pflanzen schließlich.

Ursache: Der Gefurchte Dickmaulrüssler ist etwa 1 cm groß, länglich-oval braunschwarz gefärbt mit gefurchten Flügeldecken und stellenweise mit gelblichen Haaren versehen. Die Käfer sind nicht flugfähig. Tagsüber sitzen sie in Verstecken am Grund ihrer Wirtspflanzen oder in deren Nähe. Zur Abenddämmerung wandern sie auf die Pflanzen und befressen Blätter, Knospen und Rinde. Die bis zu 1,2 cm groß werdenden Larven sind weißlich, fußlos, bauchwärts gekrümmt, stark quer gerieft und haben einen braunen Kopf.

Abhilfe: Gießbehandlung gegen die Larven mit zugelassenen Insektiziden oder biologisch mit nützlichen HM-Nematoden.

Buchtenförmig vom Rand her befressene Blätter, im Boden kleine weißliche Larven. Blattfraß ist meist nur ein Schönheitsfehler. Gefährlich ist der Larvenfraß an Wurzeln und am Wurzelhals. Starke Wurzelschäden führen zu vermindertem Wachstum, Pflanzen können absterben.

Ursache: Nackt- oder Gehäuseschnecken, tagsüber versteckt an Stellen mit feuchtem Mikroklima, kommen in den Abend- oder Morgenstunden zum Fressen hervor.

Abhilfe: Bei ersten Fraßsymptomen im Freiland ist die Anwendung von zahlreichen Bekämpfungsmitteln verschiedener Hersteller möglich. Vor dem Einräumen der Pflanzen sind diese sorgfältig auf Schnecken zu untersuchen und diese abzusammeln.

Beim Sommeraufenthalt der Pflanzen im Freiland anfänglich Schabefraß und später Lochfraß, der durch silbrige Schleimspuren auffällig wird. Teilweise werden die Blätter bis auf die Hauptblattrippen weggefressen.

Ursache: Zu dunkler Standort bzw. nicht ausreichende Belichtung aller Pflanzenteile, insbesondere bei höheren Temperaturen. Durch die natürliche Lichtreduzierung an kurzen Tagen von November bis Februar kommt es zum „natürlichen" Laubfall.

Abhilfe: Besonders in der lichtarmen Jahreszeit sind die Pflanzen an einen hellen Standort zu bringen. Im Zimmer hilft es oft schon, die Gardinen zurückzuziehen. Gegebenenfalls muss über eine spezielle Pflanzen-Zusatzbeleuchtung nachgedacht werden.

Blätter bleichen aus, verblassen, sind gelblich oder bräunlich verfärbt, verkümmern und fallen ab. Bei buntblättrigen Pflanzen verliert sich die typische Blattzeichnung – sie vergrünen. Symptome sind ungleichmäßig über die Pflanze verteilt. Triebe werden spillerig und sind geschwächt. Es entstehen unnatürlich lange, farblose und schwache Stängel. Schließlich tritt ein partieller oder totaler Blattfall auf.

Blätter welken und rollen sich ein

Ursache: Zu trockene Luft. Pflanzen aus tropischen oder subtropischen Gebieten haben höhere Ansprüche an die Luftfeuchte. In zentralbeheizten Räumen ist sie meist zu gering.

Abhilfe: Erhöhen der Luftfeuchte (Aufstellen von Wasserschalen oder Zimmerspringbrunnen, häufigeres Übersprühen mit zimmerwarmem Wasser). Ansonsten kann man die Pflanzen im Pflanzenfenster oder in einer Pflanzenvitrine mit entsprechendem Mikroklima halten.

Blätter rollen sich ein, haben gelbe bis braune oder heuartig-graue vertrocknete Ränder oder Spitzen. Sie können auch gänzlich vertrocknen und abgeworfen werden.

Ursache: Wurzelschäden, meist durch Staunässe. Zu viel Wasser im Boden verdrängt die Bodenluft. Die Wurzeln können nicht atmen und ersticken. Meist ist bereits ein Teil der Wurzeln verfault, daher erfolgt kein Wasser- und Nährstofftransport mehr.

Abhilfe: Topfen Sie die Pflanze aus, entfernen verfaulte Wurzeln und die vernässte, in der Struktur verschlechterte Erde. Dann topfen Sie den „Patienten" mit reduziertem Wurzelballen zusammen mit neuer Erde in einen eine Nummer kleineren Topf als bisher wieder ein. Nur in der Vegetationsperiode von Februar/März bis etwa September/Oktober durchführen. Pflanzen mäßig gießen.

Blätter welken und werden schlaff, manchmal glasig durchscheinend, oder sie rollen sich ein und sind oft halbseitig geschädigt. Sie haben gelbe bis braune vertrocknete Ränder oder Spitzen. Sie können sich auch völlig schwarz verfärben, vergilben oder vertrocknen und abgeworfen werden. Die Pflanzen erholen sich auch nach mehrmaligem Gießen nicht.

Ursache: mehrere Arten von Echten Mehltaupilzen

Abhilfe: Bei einzelnen Pflanzen reicht das sorgfältige Entfernen und Vernichten befallener Pflanzenteile aus. In größeren Pflanzenbeständen sind die zugelassenen Fungizide einzusetzen.

Blätter, Triebe, Blüten oder Knospen haben einen anfangs weißen, später schmutzig-bräunlich werdenden, fleckenartigen, mehligen Belag oder sind vollständig von diesem Belag überzogen. Stark befallene Pflanzenteile krümmen sich oft, werden im Wuchs gehemmt, vertrocknen und sterben schließlich ab.

Blätter/Triebspitzen verkrüppelt, Blattpartien sterben ab (Nekrosen)

Die Blätter rollen sich oft ein und kräuseln sich. Die Triebspitzen sind missgebildet oder es entstehen regelrechte Verkrüppelungen oder Nekrosen. Befallshinweis ist klebriger Belag (Honigtau).

Ursache: Grünliche, schwarze, bräunliche oder rötlich gefärbte, teils geflügelte Blattläuse, vornehmlich an den jüngsten Pflanzenteilen.
Die Vermehrung wird durch Wärme und Trockenheit begünstigt. Bevorzugt werden schlecht ernährte oder unter Wassermangel leidende Pflanzen befallen.
Sie können mit Pflanzen oder einem Blumenstrauß eingeschleppt werden.
Im Sommer fliegen sie aus dem Freiland ins Zimmer zu. Manche Arten wandern im Herbst zum Überwintern in die Zimmer ein und besiedeln dann ihre Wirtspflanzen.

Abhilfe: Gegen saugende Insekten an Zimmerpflanzen sind zahlreiche Spray-Präparate verschiedener Hersteller zugelassen. Ebenso können bequem Insektizidstäbchen verwendet werden.
Bei größeren Pflanzenbeständen im Wintergarten oder Blumenfenster ist auch an eine biologische Bekämpfung mit räuberischen Gallmücken oder Florfliegen zu denken. Bezug und Beratung sind über Gartencenter möglich.

Danksagung: Der Autor bedankt sich bei Herrn Kaschinski vom Quelle & Meyer Verlag für die gute Zusammenarbeit sowie bei Frau Dr. Jäckel (Berlin) für die wertvollen fachlichen Hinweise.

Bildnachweis: Alle Bilder stammen von Klaus Margraf.

Weitere von Klaus Margraf im Quelle & Meyer Verlag erschienene Titel:
Prächtige Blütensträucher – Schäden und Krankheiten erkennen und behandeln
(ISBN: 978-3-494-01942-0)

Bibliografische Information der Deutschen Nationalbibliothek
Die Deutsche Nationalbibliothek verzeichnet diese Publikation in der Deutschen Nationalbibliografie; detaillierte bibliografische Daten sind im Internet über http://dnb.d-nb.de abrufbar.

www.quelle-meyer.de
ISBN 978-3-494-01979-6
Best.-Nr.: 494-01979

9 783494 019796

Blätter sind verbrannt

Ursache: Zu hohe Lichtintensität, Sonnenbrand, z. B. durch grelle Mittagssonne und einem zu nahen Platz an den Fensterscheiben. In den Sommermonaten sind Pflanzen gefährdet, die einen schattigen Standort brauchen oder keine pralle Sonne vertragen.

Abhilfe: Standortansprüche beachten. Pflanzen, die im Winter wegen des notwendigen hellen Standortes am Südfenster gestanden haben, müssen jetzt ans West- oder Nordfenster gestellt werden. Außerdem gilt es, Pflanzen aus dem Winterquartier nicht sofort an einen sonnigen Standort im Freiland zu räumen. Sie müssen sich einige Tage an einem schattigen Platz an die „frische Luft" gewöhnen.

Blätter zeigen Verbrennungen als helle, teils pergamentartige, teils braune größere, oft eingesunkene und eingetrocknete Flecken. Die Pflanzen oder Teile von ihnen können auch großflächig rot gefärbt sein.

Ursache: Wassertropfen können nach dem Übersprühen auf den Blättern bei Sonneneinstrahlung wie ein Brennglas wirken. Tropfen von Fensterputzmitteln zeigen ähnliche Symptome.

Abhilfe: Es ist darauf zu achten, dass die Blätter nicht nass werden, während sie der Sonne ausgesetzt sind.
Es sollte generell vermieden werden, dass die Pflanzen mit Substanzen wie Fensterputzmitteln in Berührung kommen.

Blätter zeigen Verbrennungen als helle, teils pergamentartige, teils braune unterschiedlich große, eingetrocknete Flecken.

Ursache: Unverträglichkeiten von Pflanzenschutzmitteln. Schäden besonders bei der Verwendung ölhaltiger Präparate oder von Blattglanzmitteln in der lichtarmen Jahreszeit, bei Überdosierungen oder wiederholter Anwendung, bei direkter Sonneneinstrahlung oder hoher Luftfeuchtigkeit. Schäden entstehen auch bei Sprays mit Treibgas und wenn die Düse zu nah an die Pflanze gehalten wird (< 30 cm).

Abhilfe: Es empfiehlt sich, zunächst eine Probebehandlung an wenigen Blättern vorzunehmen bzw. schadenbegünstigende Faktoren zu vermeiden. Blattglanzmittel nur bei hartlaubigen Arten anwenden. Im Winter keine ölhaltigen Pflanzenschutzmittel anwenden.

Blätter zeigen Nekrosen auf der Blattspreite, bräunliche Verbrennungen an den Blatträndern und -spitzen. Mitunter sind die Blätter ganzflächig verbrannt und sterben ab.

Blätter mit unregelmäßiger Fleckung

Ursache: Thripse (Blasenfüße). Es sind mehrere Arten, die den Pflanzensaft meist blattoberseits saugen. Die bekannteste ist der Gebänderte Gewächshausthrips. Er ist mit 2 gefransten Flügeln versehen, von strichförmiger Gestalt, etwa 1 mm lang und je nach Alter gelblich bis braunschwarz gefärbt sowie teils gestreift wirkend. Jungtiere sind ungeflügelt, gelblichweiß bis gelblich gefärbt. Geringe Luftfeuchte begünstigt die Vermehrung.

Abhilfe: Zimmerpflanzensprays gegen saugende Insekten der verschiedenen Hersteller anwenden. Möglichkeiten von biologischen Maßnahmen im Gartenfachhandel oder beim amtlichen Pflanzenschutzdienst erfragen.

Blätter auf der Oberseite mit zahlreichen kleinen, meist silbrig-weißen Sprenkelungen, gelegentlich auch Korkwucherungen. Unterseits sind winzige schwarze Kotttröpfchen von Schädlingen zu finden. Stark befallene Blätter sterben schließlich ab. Befallene Herzblätter verkrüppeln und die Pflanzen verkümmern. Blüten mit streifigen Sprenkelungen.

Ursache: Echte Spinnmilben (bilden Gespinste), unechte Spinnmilben (bilden keine Gespinste). Gemeine Spinnmilbe: oval, 0,5 mm groß, rötlich bis gelblich, meist blattunterseits; legt feines, zartes Gespinst an; bevorzugt zunächst Achseln der Blattnerven, bevor gesamte Blattfläche befallen wird. Rote Gewächshausspinnmilbe: kaum 0,3 mm lang, rot gefärbt, meist blattoberseits. Zitrusspinnmilbe: auf Zitrus-Pflanzen. Zunehmendes Angebot an exotischen Pflanzen führt zu vielen weiteren Spinnmilbenarten. Feucht-warme und trocken-warme Bedingungen förderlich.

Abhilfe: Raubmilben einsetzen oder zugelassene Präparate mit akarizider Wirkung anwenden. Beratung ratsam.

Blätter bekommen ein typisch gelblich bis weißlich silbrig gesprenkeltes Aussehen, gelegentlich besonders entlang der Blattadern. Blätter werden braun, können vertrocknen und abfallen.

Ursache: Starke Temperaturschwankungen auf der Blattfläche, wenn erwärmte Blattoberflächen mit kaltem Wasser übersprüht oder die Pflanzen „über Kopf" gegossen werden. Auch Thripsbefall kann an Usambaraveilchen so aussehen!

Abhilfe: Auslösende Faktoren vermeiden.

Blätter, Triebe, Blüten oder Knospen haben einen anfangs weißen, später schmutzig-bräunlich werdenden, fleckenartigen, mehligen Belag oder sind vollständig von diesem Belag überzogen. Stark befallene Pflanzenteile krümmen sich oft, werden im Wuchs gehemmt, vertrocknen und sterben schließlich ab.

Ursache: Verschiedene Arten von Schildläusen, die dank ihres Schildes gegen äußere Einflüsse besonders geschützt sind. Sie sitzen an den Pflanzenteilen fest und sind nicht beweglich. Manche Arten scheiden beträchtliche Mengen Honigtau aus. Da sie sich meist an wenig sichtbaren Stellen wie in Blattachseln, an Blattrippen, Stängeln, am Grunde bzw. an inneren Teilen der Pflanze ansiedeln, ist Anfangsbefal leicht zu übersehen.

Abhilfe: Isolation der betroffenen Pflanze. Mechanische Entfernung mithilfe eines Stäbchens, auf verdeckte Stellen achten und möglichst alle Tiere entfernen. Direkte Bekämpfung mit zugelassenem Spray-Präparat empfohlen.

Pflanzen werden im Wachstum gehemmt und verkümmern. Auf Blättern und Trieben sind bräunliche, buckelförmige, kugelige, deckelartige oder schuppenförmige Tiere zu finden. Es kann sich ein klebriger glänzender, später schwarzer Belag bilden. Es ist der von saugenden Insekten abgesonderte Honigtau. Bei einem klebrigen Belag auf den Blättern oder in der Umgebung der Pflanzen muss nach den oft versteckt sitzenden Schädlingen gesucht werden.

Ursache: Schmier- und Wolllausarten. Es sind schildlose Tiere, die von flockigen weißen Wachsausscheidungen umgeben sind. Die Jungtiere (Larven) wandern nur kurze Strecken, setzen sich dann wieder fest und produzieren größere Mengen Wachswolle, mit denen sie sich umhüllen. Die Zitrusschmierlaus und die Langschwänzige Schmierlaus sind die hier am häufigsten auftretenden Arten.

Abhilfe: Hier sind dieselben Maßnahmen wie gegen die Schildläuse erfolgreich.

Vornehmlich in den Blattachseln, aber auch an Blättern, Stämmen und Zweigen befinden sich weiße Wattetupfen. Häufig stockt das Pflanzenwachstum, es kommt zu Blattdeformationen und auf den Pflanzenteilen wird Honigtau sichtbar.

Ursache: Honigtauausscheidungen von saugenden Insekten wie Blattläusen, Schildläusen und Weißen Fliegen. Später siedeln sich hier noch die Schwärzepilze an, was als Rußtau bezeichnet wird.

Abhilfe: Bekämpfen der Verursacher, der honigtauausscheidenden Insekten, bspw. mit zugelassenen Spray-Präparaten. In Gartencentern lässt sich entsprechende Beratung finden.

Auf den Blättern und Trieben bildet sich ein klebriger, glänzender Belag, der sich mit der Zeit schwarz verfärbt.